AF339328

QUATRIÈME CONGRÈS INTERNATIONAL
DE PHYSIOLOGIE
CAMBRIDGE (ANGLETERRE), 23 au 26 AOUT 1898

NOUVELLES RECHERCHES

SUR LE

POUVOIR ABSORBANT DU SANG

POUR L'OXYGÈNE
ET POUR L'OXYDE DE CARBONE

PROCÉDÉ NOUVEAU
POUR DÉTERMINER EXACTEMENT ET SIMULTANÉMENT LA TENEUR
DU SANG EN OXYGÈNE ET SON POUVOIR ABSORBANT

COMMUNICATION DU

Dr L.-G. DE SAINT-MARTIN (de Paris)

CHARTRES
IMPRIMERIE DURAND
RUE FULBERT

1898

QUATRIÈME CONGRÈS INTERNATIONAL
DE PHYSIOLOGIE
CAMBRIDGE (ANGLETERRE), 23 *au* 26 AOUT 1898

NOUVELLES RECHERCHES

SUR LE

POUVOIR ABSORBANT DU SANG

POUR L'OXYGÈNE
ET POUR L'OXYDE DE CARBONE

PROCÉDÉ NOUVEAU
POUR DÉTERMINER EXACTEMENT ET SIMULTANÉMENT LA TENEUR
DU SANG EN OXYGÈNE ET SON POUVOIR ABSORBANT

COMMUNICATION DU
Dr L.-G. DE SAINT-MARTIN (de Paris)

CHARTRES
IMPRIMERIE DURAND
RUE FULBERT

1898

NOUVELLES RECHERCHES

SUR LE

POUVOIR ABSORBANT DU SANG

POUR L'OXYGÈNE
ET POUR L'OXYDE DE CARBONE

PROCÉDÉ NOUVEAU
POUR DÉTERMINER EXACTEMENT ET SIMULTANÉMENT LA TENEUR DU SANG EN OXYGÈNE
ET SON POUVOIR ABSORBANT

Il semble que tout ait été dit sur les gaz du sang. Les expériences dont je vais donner seulement le résumé et les conclusions prouvent qu'il est loin d'en être ainsi, et je ne pense pas, tant s'en faut, avoir épuisé la question.

I

Claude Bernard enseignait que l'oxyde de carbone déplace l'oxygène du sang volume à volume, ou, ce qui revient au même, que le sang a un pouvoir absorbant égal pour l'oxygène et pour l'oxyde de carbone. La vérification expérimentale de cette loi n'est pas chose facile, ce qui en a fait contester l'exactitude par plusieurs auteurs ([1]).

---

1. E. Cherbuliez. Étude spectrophotométrique du sang oxycarboné. *Thèse*, Paris, 1890, p. 7.

Prenons deux volumes égaux de sang défibriné, ou rendu incoagulable par addition de 1 pour 1000 d'oxalate neutre de potasse (Arthus), et saturons l'un d'eux par l'oxygène et l'autre par l'oxyde de carbone. Soit dit en passant, cette saturation exige, pour être complète, une agitation mécanique énergique et prolongée pendant une demi-heure au moins. Procédons ensuite, à la température de 40° et au moyen de la pompe à mercure, à l'extraction des gaz fixés, pour le premier échantillon de sang à l'aide du vide seul, selon le procédé classique, pour le second à l'aide du vide avec addition au sang de son volume d'une solution saturée d'acide tartrique. Toujours, quand l'expérience aura été bien conduite, le volume de l'oxyde de carbone sera notablement supérieur à celui de l'oxygène [1].

Voici les chiffres extrêmes (plus grand écart et plus petit écart) que j'ai obtenus :

α 100^{cc} de sang de bœuf ont fixé $22^{cc},67$ d'O et $23^{cc},85$ de CO

β 100^{cc} de sang de bœuf ont fixé $21^{cc},32$ d'O et $23^{cc},54$ de CO [2].

Il ne faudrait pas conclure de ces chiffres que la loi de Claude Bernard est inexacte. Nous savons en effet aujourd'hui que « les chiffres d'oxygène obtenus au « moyen de la pompe à mercure sont trop faibles :

---

1. Dans un mémoire sur le même sujet (Bibliothèque de l'École des Hautes Études, section des sciences naturelles, t. IX, art. 4), N. Gréhaut donne le résultat d'une seule de ses expériences qui aurait fourni, pour 100^{cc} de sang, 19^{cc} d'O et $18^{cc},6$ de CO. La lecture attentive de la méthode employée par l'auteur, méthode qu'il décrit minutieusement, permet d'affirmer qu'en raison de la faible tension de l'oxyde de carbone mis en présence du sang réduit, et d'une agitation absolument insuffisante, la saturation par le gaz toxique n'avait certainement pas été atteinte.

2. Tous les volumes gazeux sont réduits à 0° et à 760^{mm}.

« 1° parce que durant les manipulations le sang con-
« somme un peu de ce gaz (3 à 4 centimètres cubes par
« heure et pour 100 centimètres cubes de sang, d'après
« Schutzenberger) ; 2° parce que la décomposition de
« l'oxyhémoglobine par le vide, même complet, n'est
« jamais intégrale, 4 ou 5 pour 100 de l'oxygène restant
« unis à l'hémoglobine, même dans le vide à 38°. »
(A. Gautier, Chimie biologique, p. 425.)

Les expériences ci-dessus déterminent en bloc la
valeur totale de la perte d'oxygène, lors du dosage de
ce gaz dans le sang au moyen de la pompe à mercure,
tel qu'il est généralement pratiqué, mais non la part qui
revient à chacun des deux facteurs y contribuant, si tant
est que le premier intervienne, ce dont je doute.

En admettant l'exactitude de la loi de Claude Bernard,
exactitude que nous démontrerons plus bas, cette perte
atteint 5 à 10 pour 100 dans le cas particulier de la détermination du pouvoir absorbant du sang pour l'oxygène, telle qu'on la mesure couramment. *Mais comme
la quantité d'oxygène consommée ou retenue par le sang
est la même, quelque soit son degré de saturation, on con-
çoit que la perte déjà beaucoup plus forte quand il s'agit
du sang artériel, qui n'est jamais saturé, puisse devenir
énorme dans le cas du sang veineux.*

En mettant en œuvre le nouveau procédé que je dé-
crirai tout à l'heure j'ai reconnu qu'elle atteignait 12 à
20 pour 100 pour le sang artériel et pouvait s'élever à
35 pour 100 pour le sang veineux.

*Une méthode donnant de pareilles erreurs est une
méthode condamnée.* Il est désormais impossible d'ac-
corder la moindre confiance aux chiffres publiés jusqu'à ce jour pour l'oxygène contenu soit dans le sang

1.

artériel soit surtout dans le sang veineux. Les résultats
ne sont même pas comparables parce que l'erreur com-
mise est fonction du degré de saturation du sang et que
l'on n'a presque jamais aucune indication à cet égard.

II

Il est donc désirable de pouvoir dégager tout l'oxygène contenu dans le sang. J'y ai réussi en combinant
l'ancien procédé de Claude Bernard (déplacement de
l'oxygène par l'oxyde de carbone) et l'extraction con-
sécutive des gaz au moyen de la pompe à mercure [1].
Dans une ampoule en verre de forme ovalaire, ter-
minée à chacune de ces extrémités par un robinet à
trois voies, et préalablement remplie de mercure, on
fait pénétrer successivement :

1° 50 centimètres cubes du sang, saturé ou non, dans
lequel on veut doser l'oxygène ;

2° 25 centimètres cubes d'oxyde de carbone pur ou
titré rigoureusement mesurés ;

3° 15 centimètres cubes d'une solution saturée de
fluorure de sodium (Arthus).

L'ampoule a précisément une capacité totale de
$100^{cc},35$. Elle est soumise, avec son nouveau contenu,
pendant une demi-heure, à une agitation mécanique
très énergique par mouvement de va-et-vient. Mettant
ensuite, par l'intermédiaire de tubes de caoutchouc,

---

1. J'ai depuis longtemps indiqué le principe de cette méthode. L. de Saint-
Martin. Recherches sur le mode d'élimination de l'oxyde de carbone. *C. R.
Acad. des Sciences*. 25 mai 1891.

son extrémité inférieure en rapport avec un réservoir
mobile plein de mercure, et son extrémité supérieure
avec le récipient préalablement vidé d'air de la pompe
à mercure, on fait passer dans le récipient, par le jeu
des robinets, tout le contenu de l'ampoule, gaz et sang.
On lave l'ampoule avec un peu d'eau récemment bouillie
qu'on fait passer également dans le ballon récipient,
puis l'on procède, comme d'habitude, à l'extraction des
gaz.

Le mélange gazeux obtenu est débarrassé de l'acide
carbonique par la potasse. Dans le résidu mesuré avec
soin on dose d'abord l'oxygène par l'acide pyrogallique (¹) puis l'oxyde de carbone par le protochlorure de
cuivre en solution chlorhydrique employé deux fois,
ces réactifs étant mis successivement en contact avec le
gaz à analyser au moyen de pipettes de Salet.

La diminution de volume produite par l'acide
pyrogallique représente l'oxygène contenu dans les
50 centimètres cubes du sang analysé; la différence
entre le volume d'oxyde de carbone introduit dans
l'ampoule et celui retrouvé dans les gaz extraits du
sang donne le chiffre *exact* du pouvoir absorbant du
sang.

Comme contrôle on peut extraire du résidu, après
addition de 50 centimètres cubes de solution saturée
d'acide tartrique, l'oxyde de carbone fixé sur l'hémoglobine; son volume devra être rigoureusement égal
à celui déterminé par différence.

Voici les résultats obtenus en opérant sur deux

---

1. Pour le dosage de l'oxygène on se conformera aux indications récemment données par mon illustre maître M. Berthelot. *C. R.*, 16 mai 1898.

échantillons de sang de bœuf saturés l'un d'oxygène et l'autre d'oxyde de carbone, le procédé ci-desus ayant été employé pour le dosage de l'oxygène.

γ 100^{cc} de sang ont fourni 24^{cc},35 d'O et 24^{cc},20 de CO
δ 100^{cc} de sang ont fourni 19^{cc},64 d'O et 19^{cc},52 de CO.

Le petit excès d'oxygène observé dans les deux cas provient de ce que, dans ces expériences, il y avait à la fois saturation de l'hémoglobine et du sérum par chacun des deux gaz. Or on sait que l'oxygène est un peu plus soluble dans l'eau que l'oxyde de carbone.

L'oxyde de carbone retiré du sang au moyen de l'acide tartrique a été trouvé égal :

Dans l'expérience γ à 23^{cc},09 soit 1^{cc},11 en moins
Dans l'expérience δ à 18^{cc},31 soit 1^{cc},21 en moins.

Cette différence représente l'oxyde de carbone dissous chaque fois par 100 centimètres cubes de sérum et ce sont les chiffres 23^{cc},09 et 18^{cc},31 qui expriment exactement le pouvoir absorbant des deux sangs.

Dans les gaz extraits par le vide seul lors des dosages d'oxygène par le nouveau procédé on avait trouvé par différence pour γ 23^{cc},04 et δ 18^{cc},37 de CO. Les différences très faibles sont de l'ordre des erreurs d'expérience.

En fractionnant l'action du vide sur les divers échantillons de sang oxycarboné, c'est-à-dire en épuisant à 40° chacun d'eux d'abord par le vide seul, puis par l'action de l'acide tartrique aidé du vide en recueillant les gaz dans une seconde cloche, j'ai obtenu les chiffres suivants :

	CO extrait par le vide	CO extrait par le vide et l'acide tartrique	SOMME
α	$1^{cc},25$	$22^{cc},60$	$23^{cc},85$
β	1 00	22 50	23 50
γ	1 10	23 06	24 16
δ	1 19	18 28	19 47

L'accord, on le voit, est aussi parfait que possible.

Ces expériences prouvent une fois de plus, s'il en était besoin, la complète exactitude de la loi de Claude Bernard. Elles démontrent en outre la rigueur du nouveau procédé que je propose pour déterminer simultanément la teneur du sang en oxygène et la valeur de son pouvoir absorbant. Cette rigueur s'explique par les causes suvantes : l'addition de fluorure de sodium, indiquée par Arthus ([1]), empêche toute consommation d'oxygène ; l'agitation du sang avec l'oxyde de carbone, tout en concourant également à ce premier résultat ([2]), produit le déplacement complet de l'oxygène, par suite assure son extraction totale par le vide de la pompe. Enfin, et j'insiste sur ce point dont il n'a pas été tenu compte jusqu'à présent, le pouvoir absorbant du sang est, dans mon procédé, déterminé indépendamment de la solubilité de l'oxyde de carbone dans le sérum. Que ce soit en effet par différence entre l'oxyde de carbone mis en présence du sang et celui retrouvé dans les gaz extraits par le vide seul, ou par détermination du gaz toxique retenu par le sang et dégagé ensuite par l'acide tartrique et le vide, on ne dose en définitive dans l'un

1. Arthus. *Arch. de physiologie*, 1892.
2. L. de Saint-Martin. *C. R. Ac. des Sc.*, 25 mai 1891.

et l'autre cas que l'oxyde de carbone fixé par l'hémoglobine, le volume de ce gaz dissous par le sérum étant éliminé par le vide seul.

En regard de ces avantages, il convient de faire ressortir les inconvénients du procédé. Pour pratiquer cette méthode il faut préparer de l'oxyde de carbone et titrer ce gaz par une analyse endiométrique, car malgré toutes les précautions il est rare de l'obtenir à un titre supérieur à 98 pour 100. Enfin il faut mesurer le gaz introduit dans l'ampoule et doser, outre l'oxygène, celui retrouvé dans les gaz extraits par le vide. J'estime que ces inconvénients sont largement compensés par la rigueur des résultats ([1]).

III

Dans tous les essais ci-dessus mentionnés j'ai eu soin de doser, au moyen du spectrophotomètre, l'hémoglobine contenue dans chaque échantillon de sang mis en expérience, et j'en ai déduit les pouvoirs absorbants de 1 gramme d'hémoglobine pour l'oxyde de carbone.

Voici les résultats obtenus réunis en un tableau :

	α	β	γ	δ
Hémoglobine contenue dans 100^{cc} de sang de bœuf..	13^{gr},26	18^{gr},30	16^{gr},60	16^{gr},45
Pouvoir absorbant pour CO de 1^{gr} d'hémoglobine. .	1^{cc},70	1^{cc},23	1^{cc},41	1^{cc},10

1. Dans deux notes récentes *(C. R. Ac. des S.*, 14 février et 4 avril 1898) j'ai le premier démontré expérimentalement : 1° que le sang normal traité par un acide organique dégage une petite quantité de CO, 0^{cc},8 à 2^{cc} par litre;

Notons en passant la richesse exceptionnelle en hémoglobine des trois derniers échantillons de sang de
bœuf. Des résultats du même ordre ont déjà été observés
par M. P. Regnard (¹), sur des animaux primés.

*Mais le fait saillant à signaler ici c'est l'extrême variabi-
lité du pouvoir absorbant de l'hémoglobine pour l'oxyde
de carbone et partant pour l'oxygène, fait confirmé par
42 autres déterminations.*

Si la loi de Claude Bernard sort victorieuse de mes
expériences, c'est-à-dire s'il reste démontré qu'un
même échantillon, soit de sang, soit d'hémoglobine, a le
même pouvoir absorbant pour l'oxygène que pour
l'oxyde de carbone, il n'est plus douteux pour moi,
contrairement aux travaux de G. Hüfner, qui a successivement modifié et diminué le chiffre qu'il proposait
pour exprimer le pouvoir absorbant de 1 gramme d'hémoglobine vis-à-vis de l'oxyde de carbone, il n'est plus
douteux, dis-je, pour moi, que ce chiffre varie très notablement, non seulement d'une espèce animale à l'autre,
non seulement entre deux sujets de la même espèce,
mais encore sur le même sujet, quelquefois d'un jour
à l'autre.

*C'est là toute une nouvelle étude à faire et il ne suffit
plus désormais de doser la quantité d'hémoglobine contenue
dans un sang donné, il faut en outre en apprécier la qua-
lité par la détermination de son pouvoir absorbant.*

Laissant de côté, pour ne pas allonger outre mesure
cette communication, un certain nombre d'expériences

2° que cet oxyde de carbone préexiste dans le sang, et n'est pas du à l'action
de l'acide sur l'un quelconque des principes hématiques. Ces faits ne mettent
aucun obstacle à l'emploi du procédé que je viens de décrire.

1 P. Regnard. *Ann. de l'Institut agronomique*, 1880.

sur les sangs de chien et de cheval, je citerai seulement
la suivante, malheureusement seule encore dans le
sens qu'elle indique. Un lapin de $2^{kgr},500$, vigoureux,
est saigné ; on lui enlève d'un coup 60 grammes de
sang. D'abord très malade, l'animal se rétablit promple-
ment, au bout de 6 jours nouvelle saignée de 50 grammes. Analyses du sang :

1re saignée. Hémoglobine pour 100^{cc} de sang $11^{gr},6$. Pouvoir
    absorbant pour CO de 1^{gr} d'hémoglobine : $1^{cc},18$.
2e saignée. Hémoglobine pour 100^{cc} de sang $10^{gr},52$. Pouvoir
    absorbant pour CO de 1^{gr} d'hémoglobine : $1^{cc},65$.

Il semble résulter de cette expérience, que je me propose de répéter un certain nombre de fois, que l'hémoglobine de formation récente possède un plus grand
pouvoir absorbant. Toute une série de recherches est
à poursuivre dans ce sens, car elle donnerait peut-
être la clef du bon effet de la saignée, moyen thérapeu-
tique puissant dont on a sans doute abusé jadis, mais
qu'en raison de ces abus on a peut-être trop délaissé.

Une autre conclusion très importante de ces recherches est la suivante : *toute méthode de dosage de l'hémoglobine basée sur la détermination du pouvoir absorbant
du sang, ou, vice-versa, toute appréciation du pouvoir absorbant fondée sur un dosage d'hémoglobine, peuvent être
l'une et l'autre radicalement fausses.*

Un exemple typique en est donné par la comparaison
des deux analyses α et β. Des chiffres du pouvoir absorbant, on conclurait que le sang α est plus riche en hémoglobine ; or, c'est tout le contraire, car le sang β en
renferme près d'un tiers en sus.

DU MÊME AUTEUR

M. Berthelot et L.-G. de Saint-Martin. **Recherches sur l'état des sels dans les dissolutions.** *C. R.*, 16 août 1869, et *Ann. de chimie et de physique*, août 1872.

L.-G. de Saint-Martin. **Recherches sur la santonine et ses dérivés.** *C. R., Acad. des Sciences*, 11 novembre 1892.

Dujardin-Beaumetz et L.-G. de Saint-Martin. **Analyse des gaz produits dans les poêles mobiles.** *Bull. de l'Académie de Médecine*, 16 avril 1889.

L.-G. de Saint-Martin. **Recherches expérimentales sur la respiration.** 1 vol. gr. in-8 de 343 pages, avec 35 fig. O. Doin, éditeur. Prix : **10** fr.

L.-G. de Saint-Martin. **Spectrophotométrie du sang.** 1 vol. petit in-8 de 128 pages, avec 38 fig. O. Doin, éditeur, 8, place de l'Odéon, Paris. Prix : **2** fr. **50**.